华浔品味装饰
HUAXUN TASTE DECORATION

2014 客厅

LIVING ROOM

欧式风格
European Style

华浔品味装饰　编著

海峡出版发行集团
THE STRAITS PUBLISHING & DISTRIBUTING GROUP

福建科学技术出版社
FUJIAN SCIENCE & TECHNOLOGY PUBLISHING HOUSE

参编人员：冷运杰　刘晓萍　夏振华　梅建亚　刘明富　虞旭东　吴文华
　　　　　邹广明　汪大锋　何志潮　邱欣林　吴旭东　覃　华　卓瑾仲
　　　　　周　游　尚昭俊　赵　桦　丘　麒　刘礼平　吴晓东　齐海梅

图书在版编目（CIP）数据

欧式风格 / 华浔品味装饰编著 . —福州：福建科
学技术出版社，2013.12
（2014 客厅）
ISBN 978-7-5335-4424-9

Ⅰ.①欧… Ⅱ.①华… Ⅲ.①客厅－室内装饰设计－
图集 Ⅳ.① TU241-64

中国版本图书馆 CIP 数据核字（2013）第 277847 号

书　　名　欧式风格
　　　　　2014 客厅
编　　著　华浔品味装饰
出版发行　海峡出版发行集团
　　　　　福建科学技术出版社
社　　址　福州市东水路 76 号（邮编 350001）
网　　址　www.fjstp.com
经　　销　福建新华发行（集团）有限责任公司
印　　刷　福建彩色印刷有限公司
开　　本　889 毫米 × 1194 毫米　1/16
印　　张　5
图　　文　80 码
版　　次　2013 年 12 月第 1 版
印　　次　2013 年 12 月第 1 次印刷
书　　号　ISBN 978-7-5335-4424-9
定　　价　28.00 元
书中如有印装质量问题，可直接向本社调换

前言
PREFACE

客厅是家庭的"门脸"，也是装修中的"面子"工程，相对其他功能区域，这里是装修风格的集中体现处，客厅的设计应起到介绍主人的格调与品位的作用。客厅又是接待客人的社交场所，是一个家庭的"脸面"。因此，客厅有着举足轻重的地位，是家庭装修的重中之重。

为了满足广大读者的需求，华浔品味装饰从全国各分公司最新设计的家居设计方案中，精选出一批优秀的客厅设计作品，编成《2014客厅》系列丛书。本系列丛书内容紧跟时代流行趋势，注重家居的个性化，并根据风格分成简约风格、现代风格、中式风格和欧式风格四册，以满足广大读者不同的需求，选择适合自己风格的设计方案，打造理想的家居环境。

本系列丛书的最大特点是，除了提供读者相关的客厅设计方案外，还介绍了这些方案的材料说明和施工要点，以便于广大读者在选择适合自己的家装方案的同时，能了解方案中所运用的材料及其工艺等。

我们真诚地希望，本系列丛书能为广大追求理想家居的人们，特别是准备购买和装修家居的人们提供有益的借鉴，也希望能为从事室内装饰设计的人员和有关院校的师生提供参考。

作者

2013 年 12 月

施工要点

电视背景墙面用水泥砂浆找平,用点挂的方式将订制的米黄石材固定在墙面上,完工后用石材勾缝剂填缝。剩余墙面满刮三遍腻子,用砂纸打磨光滑,刷一层基膜,用环保白乳胶配合专业壁纸粉将壁纸固定在墙面上。

主要材料:①米黄石材 ②壁纸 ③白色乳胶漆

施工要点

沙发背景墙面用水泥砂浆找平,按照设计需求在墙面上安装钢结构,用云石胶将订制的米黄石材及白色大理石固定在支架上,完工后用专业石材勾缝剂填缝。

主要材料:①米黄大理石 ②白色大理石 ③白色乳胶漆

淡黄色壁纸搭配咖啡色软包,朴实,淡雅,充满温馨的气息;呼应对面墙面上的镜面,令居所越发时尚。

主要材料:①镜面 ②软包 ③壁纸

施工要点

用木工板及硅酸钙板做出电视背景墙上的凹凸造型及灯槽结构,镜面饰面的墙用木工板打底。剩余墙面满刮三遍腻子,用砂纸打磨光滑,刷底漆,固定实木线条,刷有色面漆,部分墙面刷一层基膜后贴壁纸。用粘贴固定的方式固定镜面。

主要材料:①有色乳胶漆 ②镜面 ③壁纸

施工要点

用硅酸钙板及木工板做出电视背景墙上的凹凸造型。墙面满刮三遍腻子，用砂纸打磨光滑，刷底漆、面漆，固定实木线条部分墙面刷一层基膜后贴壁纸，最后安装实木踢脚线。

主要材料：①玻化砖 ②白色乳胶漆 ③壁纸

暖黄的色调、简洁的沙发背景配以大幅装饰画，令气氛轻松、舒适。

主要材料：①米黄大理石 ②玻化砖 ③壁纸

施工要点

用湿贴的方式将文化石固定在电视背景墙上，用点挂的方式固定大理石。剩余墙面满刮三遍腻子，用砂纸打磨光滑，刷底漆、有色面漆。

主要材料：①有色乳胶漆 ②文化石 ③大理石

施工要点

用点挂的方式将大理石及收边线条固定在墙面上，剩余墙面满刮三遍腻子，用砂纸打磨光滑，刷底漆，固定实木线条，刷有色面漆，最后安装踢脚线。

主要材料：①有色乳胶漆 ②大理石 ③白色乳胶漆

施工要点

用硅酸钙板做出电视背景墙上的凹凸造型，软包基层用木工板打底。剩余墙面满刮三遍腻子，用砂纸打磨光滑，刷底漆、面漆，部分墙面刷一层基膜后贴壁纸，用气钉及万能胶固定软包。

主要材料：①软包 ②壁纸 ③大理石

施工要点

用干挂的方式将爵士白大理石固定在墙面上，完工后用勾缝剂填缝。镜子基层用木工板打底，剩余墙面满刮三遍腻子，用砂纸打磨光滑，刷底漆、面漆。用粘贴固定的方式将黑镜固定在底板上。

主要材料：①黑镜 ②爵士白大理石 ③白色乳胶漆

施工要点

电视背景墙面用水泥砂浆找平，用点挂的方式将大理石固定在墙面上。剩余墙面满刮三遍腻子，用砂纸打磨光滑，刷一层基膜，用环保白乳胶配合专业壁纸粉将壁纸固定在墙面上。

主要材料：①大理石 ②白色乳胶漆 ③壁纸

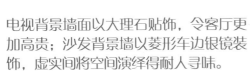

电视背景墙面以大理石贴饰，令客厅更加高贵；沙发背景墙以菱形车边银镜装饰，虚实间将空间演绎得耐人寻味。

主要材料：①米黄大理石 ②车边银镜 ③壁纸

客厅电视背景墙上的造型与吊顶相得益彰，意在打造欧式氛围。

主要材料：①米黄色石材 ②白色乳胶漆 ③壁纸

施工要点

沙发背景墙面用水泥砂浆找平，用干挂的方式将米黄大理石固定在墙面上，镜面基层用木工板打底。剩余墙面满刮三遍腻子，用砂纸打磨光滑，刷一层基膜后贴壁纸。用粘贴固定的方式将银镜固定在底板上。

主要材料：①壁纸 ②米黄大理石 ③银镜

施工要点

用湿贴的方式将仿古砖斜拼固定在电视背景墙上，剩余墙面用硅酸钙板做出凹凸造型，墙面满刮三遍腻子，用砂纸打磨光滑，刷底漆、面漆。

主要材料：①仿古砖 ②白色乳胶漆 ③有色乳胶漆

施工要点

用点挂的方式将大理石固定在电视背景墙上，完工后用专业石材勾缝剂填缝。剩余墙面满刮三遍腻子，用砂纸打磨光滑，刷一层基膜，用环保白乳胶配合专业壁纸粉将壁纸固定在墙面上。

主要材料：①白色乳胶漆 ②大理石 ③壁纸

黄色的大理石装饰电视背景墙，令居室更加温馨，绿色植物的点缀，为客厅营造田园气氛。

主要材料：①啡网纹石材　②白色乳胶漆
③壁纸

施工要点

按照设计图纸在电视背景墙上弹线放样，用木工板做出收边线条，贴水曲柳饰面板后刷油漆。剩余墙面满刮三遍腻子，用砂纸打磨光滑，刷一层基膜，贴壁纸。

主要材料：①玻化砖　②白色乳胶漆
③壁纸

施工要点

用点挂的方式将大理石固定在电视背景墙面上，用木工板做出灯槽结构，侧面满刮腻子，刷底漆、面漆。用中性高密度玻璃胶将镜面马赛克固定在底板上。

主要材料：①大理石　②镜面马赛克　③壁纸

施工要点

用点挂的方式将订制的大理石固定在客厅电视背景墙面上，剩余墙面满刮三遍腻子，用砂纸打磨光滑，刷一层基膜，用环保白乳胶配合专业壁纸粉将壁纸固定在墙面上。

主要材料：①大理石　②壁纸　③白色乳胶漆

墙面装饰整体的暖色调给人一种轻松感觉；吊顶的镜面装饰视觉上拉伸了纵向空间。

主要材料：①大理石 ②白色乳胶漆 ③壁纸

施工要点

用点挂的方式将大理石固定在电视背景墙上，完工后用勾缝剂填缝。用木工板做出爵士白大理石的收边线条，贴水曲柳饰面板后刷油漆。剩余墙面满刮三遍腻子，用砂纸打磨光滑，刷一层基膜后贴壁纸。

主要材料：①爵士白大理石 ②壁纸 ③白色乳胶漆

施工要点

用硅酸钙板做出电视背景墙上的凹凸造型，整个墙面满刮三遍腻子，用砂纸打磨光滑，刷底漆、面漆。部分墙面刷一层基膜。用环保白乳胶配合专业壁纸粉将壁纸固定在墙面上。

主要材料：①大理石 ②白色乳胶漆 ③壁纸

施工要点

用点挂的方式将爵士白大理石固定在电视背景墙上。镜面饰面的墙体用木工板打底，剩余墙面满刮三遍腻子，用砂纸打磨光滑，刷一层基膜后贴壁纸。用粘贴固定的方式将灰镜固定在底板上。

主要材料：①爵士白大理石 ②灰镜 ③壁纸

施工要点

用干挂的方式将白色大理石固定在电视背景墙面上，用木工板做出两侧储物柜造型，贴胡桃木饰面板后刷油漆。剩余墙面满刮三遍腻子，用砂纸打磨光滑，刷底漆、有色面漆。

主要材料：①爵士白大理石 ②有色乳胶漆 ③实木条擦色

施工要点

用木工板及硅酸钙板做出电视背景墙上储物柜造型及灯槽结构。储物柜贴红橡木饰面板后刷油漆，剩余墙面满刮三遍腻子，用砂纸打磨光滑，刷底漆、面漆。部分墙面刷一层基膜后贴壁纸。

主要材料：①玻化砖 ②壁纸 ③红橡木饰面板

淡蓝的色调营造了一个淡雅的空间；墙面弧形造型，为整体空间带来一些律动的活力。

主要材料：①马赛克 ②有色乳胶漆 ③仿古砖

施工要点

用点挂的方式将大理石固定在电视背景墙上，镜子饰面的墙体用木工板打底。剩余墙面满刮三遍腻子，用砂纸打磨光滑，刷底漆。固定成品实木收边线条，刷面漆，部分墙面刷一层基膜后贴壁纸。用粘贴固定的方式固定银镜。

主要材料：①大理石 ②壁纸 ③银镜

施工要点

用点挂的方式将爵士白大理石及深啡网纹大理石收边线条固定在电视背景墙上，剩余墙面用木工板打底，用中性高密度玻璃胶将镜面马赛克固定在底板上，用气钉及万能胶将订制的软包固定在剩余底板上。

主要材料：① 爵士白大理石　② 镜面马赛克　③ 软包

施工要点

电视背景墙面用水泥砂浆找平，用湿贴的方式固定大理石踢脚线。用木工板做出设计图中造型，贴柚木饰面板后刷油漆。剩余墙面满刮三遍腻子，用砂纸打磨光滑，刷底漆、有色面漆。

主要材料：① 仿古砖　② 有色乳胶漆　③ 柚木饰面板

施工要点

电视背景墙面用水泥砂浆找平，用干挂的方式将大理石固定在电视背景墙面上。剩余墙面防潮处理后用木工板打底，用粘贴固定的方式将银镜固定在底板上。

主要材料：① 米黄色石材　② 浅啡网纹大理石　③ 车边银镜

白色的收边线条，暖色调壁纸，大面积镜面装饰，营造出古典欧式风格的优雅、和谐、舒适与浪漫。

主要材料：① 爵士白大理石　② 银镜　③ 壁纸

施工要点

沙发背景墙面用水泥砂浆找平，整个墙面满刮三遍腻子，用砂纸打磨光滑，刷底漆、有色面漆，用丙烯颜料将图案手绘到墙面上，安装实木踢脚线。

主要材料： ①仿古砖　②有色乳胶漆　③丙烯颜料图案

同规格的地面拼花与吊顶遥相辉映，令空间更加整洁、有序。

主要材料： ①大理石拼花　②米黄色石材　③白色乳胶漆

施工要点

沙发背景墙面用水泥砂浆找平，用点挂的方式将米黄大理石的收边线条固定在墙面上，用木工板做出设计图中造型，墙面满刮三遍腻子，用砂纸打磨光滑，刷底漆、面漆，部分墙面刷一层基膜后贴壁纸。

主要材料： ①壁纸　②米黄大理石　③白色乳胶漆

施工要点

用点挂的方式将白色大理石固定在墙面上，用硅酸钙板做出两侧墙面上的凹凸造型，满刮三遍腻子，用砂纸打磨光滑，刷底漆、面漆。剩余墙面用木工板打底，将杉木板固定在底板上，刷清漆。

主要材料： ①白色大理石　②白色乳胶漆　③杉木板

施工要点

设计图在墙面上弹线，确定各块的位置，用点挂的方式将大理石固定在墙面上，完工后用石材勾缝剂填缝。剩余墙面满刮三遍腻子，用砂纸打磨光滑，刷底漆、面漆。

主要材料：①米黄色石材　②白色乳胶漆　③黑色大理石

施工要点

用湿贴的方式将仿古砖斜拼固定在电视背景墙面上，完工后用勾缝剂填缝。用点挂的方式固定米黄色石材，剩余墙面用木工板打底，用玻璃胶将茶镜固定在底板上。

主要材料：①米黄色石材　②仿古砖　③茶镜

色调印花壁纸配上绿色盆景，使出入居室的人就能感受到乡村的气息。

主要材料：①马赛克　②壁纸　③白色乳胶漆

施工要点

用点挂及干挂的方式将大理石及收边线条固定在电视背景墙上。剩余墙面满刮三遍腻子，用砂纸打磨光滑，刷一层基膜，用环保白乳胶配合专业壁纸粉将壁纸固定在墙面上。

主要材料：①米黄大理石　②爵士白大理石　③壁纸

施工要点

用点挂的方式将米黄色石材固定在电视背景墙上。软包饰面的墙体用木工板打底，剩余墙面满刮三遍腻子，用砂纸打磨光滑，刷一层基膜后贴壁纸。用气钉及万能胶将软包固定在底板上。

主要材料：①米黄色石材 ②车边银镜 ③壁纸

施工要点

客厅电视背景墙面用水泥砂浆找平，用干挂的方式将大理石固定在电视背景墙面上。用木工板做出底部储物柜，贴水曲柳饰面板后刷油漆。

主要材料：①大理石 ②茶镜 ③白色乳胶漆

浅暖色调让生活在其中的人感受到亲切和放松的舒适氛围，大面积镜面装饰在视觉上拉伸空间，特色吊灯为挑高客厅添彩。

主要材料：①玻化砖 ②镜面 ③大理石

施工要点

用点挂及干挂的方式将订制的大理石固定在电视背景墙面上。墙面做防潮处理后用木工板打底，用玻璃胶将镜面分块固定在上，完工后用硅酮密封胶密封。

主要材料：①大理石 ②茶镜 ③白色乳胶漆

深色收边线条与暖色调仿古砖形成对比，表达了主人低调、沉稳的个性品味。

主要材料：①仿古砖 ②镜面 ③壁纸

施工要点

客厅电视背景墙面用水泥砂浆找平，用干挂的方式将米黄色石材固定在电视背景墙面上。剩余墙面防潮处理后用木工板打底，固定订制的硬包。

主要材料：①硬包 ②壁纸 ③米黄色石材

施工要点

用干挂的方式将大理石及其收边线条固定在电视背景墙上，软包基层防水处理后用木工板打底。剩余墙面满刮三遍腻子，用砂纸打磨光滑，刷一层基膜后贴壁纸。用气钉及万能胶将订制的软包固定在底板上。

主要材料：①软包 ②大理石 ③壁纸

施工要点

电视背景墙用水泥砂浆找平，用点挂的方式将订制的大理石固定在墙面上，完工后用石材勾缝剂填缝。剩余墙面满刮三遍腻子，用砂纸打磨光滑，刷一层基膜，用环保白乳胶配合专业壁纸粉将壁纸固定在墙面上。

主要材料：①米黄大理石 ②石膏线条 ③壁纸

施工要点

用点挂的方式将大理石收边线条固定在墙面上。软包基层用木工板，剩余墙面满刮三遍腻子，用砂纸打磨光滑，刷一层基膜后贴壁纸。用气钉及万能胶将订制的软包固定在底板上。

主要材料：①玻化砖 ②软包 ③壁纸

施工要点

电视背景墙用水泥砂浆找平，用点挂的方式将大理石收边线条固定在墙面上。剩余墙面用木工板打底，用玻璃胶将银镜固定在底板上，用气钉及万能胶将软包固定在剩余底板上。

主要材料：①爵士白大理石 ②软包 ③银镜

施工要点

沙发背景墙用水泥砂浆找平，用点挂的方式将大理石固定在墙面上。软包基层用木工板打底，并用木工板做出层板造型，固定实木收边线条。用气钉及万能胶固定软包。用粘贴固定的方式固定镜子。

主要材料：①大理石 ②软包 ③白色乳胶漆

电视背景墙及沙发背景墙上的弧形造型，打造出舒适、自然、柔美的空间。

主要材料：①仿古砖 ②有色乳胶漆

施工要点

电视背景墙面用水泥砂浆找平，在墙面上安装角钢，用点挂的方式将订制的大理石固定在墙面上，完工后用专业石材勾缝剂填缝。

主要材料：① 浅咖网纹大理石　② 白色乳胶漆　③ 米黄大理石

施工要点

用干挂的方式将大理石固定在电视背景墙面上，完工后用勾缝剂填缝。剩余墙面满刮三遍腻子，用砂纸打磨光滑，刷一层基膜后贴壁纸。

主要材料：① 米黄大理石　② 白色乳胶漆　③ 壁纸

吊顶造型拉伸纵向空间；暖色调大理石让居室安静、舒适、温馨。

主要材料：① 米黄大理石　② 黑白根大理石　③ 浮雕砖

施工要点

沙发背景墙面用水泥砂浆找平，用点挂的方式将大理石及收边线条固定在墙面上。剩余墙面防潮处理后用木工板打底，用气钉及万能胶将订制的软包固定在底板上。

主要材料：① 软包　② 白色乳胶漆　③ 大理石

施工要点

沙发背景墙面用水泥砂浆找平，用点挂的方式将大理石固定在墙面上。镜子基层防潮处理后用木工板打底，剩余墙面满刮三遍腻子，用砂纸打磨光滑，刷底漆、面漆，固定装饰画。用玻璃胶固定银镜。

主要材料：①大理石　②银镜　③铁艺栏杆

施工要点

用点挂的方式将米黄石材及砂岩固定在电视背景墙面上，镜子基层用木工板打底。剩余墙面满刮三遍腻子，用砂纸打磨光滑，刷一层基膜后贴壁纸，用玻璃胶固定银镜。

主要材料：①壁纸　②银镜
③砂岩

色彩艳丽的沙发背景墙令客厅空间活跃起来，电视背景墙上大幅手绘画为空间添彩。

主要材料：①仿古砖　②肌理漆　③丙烯颜料图案

施工要点

电视背景墙面用水泥砂浆找平，用点挂的方式将订制的大理石及砂岩固定在墙面上，完工后用专业石材勾缝剂填缝。

主要材料：①砂岩　②大理石　③白色乳胶漆

施工要点

电视背景墙面用水泥砂浆找平，按照设计图纸在墙面上弹线放样，用点挂的方式将大理石固定在墙面上，完工后用石材勾缝剂填缝。

主要材料：①大理石 ②茶镜 ③白色乳胶漆

施工要点

电视背景墙面用水泥砂浆找平，用点挂的方式将米黄石材及砂岩固定在墙面上，完工后用勾缝剂填缝。剩余墙面满刮三遍腻子，用砂纸打磨光滑，刷底漆、有色面漆。

主要材料：①玻化砖 ②砂岩 ③白色乳胶漆

施工要点

沙发背景墙面用水泥砂浆找平，固定不锈钢分割线条，用点挂的方式固定大理石，完工后用石材勾缝剂填缝。最后固定装饰挂画。

主要材料：①大理石 ②壁纸 ③啡网纹大理石

电视背景墙两侧对称造型，令空间干净整洁；浅暖色调的壁纸装饰墙面，营造出家居的安静与高雅。

主要材料：①壁纸 ②白色乳胶漆 ③大理石

电视背景墙白色与黄色协调搭配，气氛温馨。碎花布艺家具使空间充满浪漫的气息。

主要材料： ①仿古砖 ②肌理漆 ③铁艺隔断

施工要点

电视背景墙面用水泥砂浆找平，按照设计图纸在墙面上安装钢结构，用云石胶将订制的大理石固定在墙面上。剩余墙面满刮三遍腻子，用砂纸打磨光滑，刷底漆、有色面漆。

主要材料： ①泰柚木饰面板 ②复合实木地板 ③有色乳胶漆

施工要点

沙发背景墙面用水泥砂浆找平，用点挂及干挂的方式将米黄大理石固定在墙面上。剩余墙面满刮三遍腻子，用砂纸打磨光滑，刷一层基膜，用环保白乳胶配合专业壁纸粉将壁纸固定在墙面上。

主要材料： ①米黄大理石 ②壁纸 ③白色乳胶漆

施工要点

电视背景墙面用水泥砂浆找平，按照设计图纸用硅酸钙板及成品石膏线条做出墙面上造型。整个墙面满刮三遍腻子，用砂纸打磨光滑，刷底漆、白色及有色面漆。

主要材料： ①白色乳胶漆 ②有色乳胶漆 ③成品壁炉

施工要点

用点挂的方式将大理石固定在客厅电视背景墙上，用木工板做出电视柜及墙面上造型，贴装饰面板后刷油漆。

主要材料： ①壁纸 　②实木条刷白漆 ③大理石

施工要点

电视背景墙面用水泥砂浆找平，用点挂的方式将米黄色石材固定在电视背景墙面上。剩余墙面满刮三遍腻子，用砂纸打磨光滑，刷一层基膜，用环保白乳胶配合专业壁纸粉将壁纸固定在墙面上。

主要材料： ①米黄色石材 ②壁纸 ③白色乳胶漆

施工要点

用湿贴的方式将文化石固定在电视背景墙上。剩余墙面满刮三遍腻子，用砂纸打磨光滑，刷一层基膜后贴壁纸，安装踢脚线。

主要材料： ①文化石 ②壁纸 ③白色乳胶漆

沙发背景墙金色收边线条搭配特色壁纸，营造简约典雅的居室氛围。

主要材料： ①壁纸 　②米黄色石材 ③白色乳胶漆

挑高的客厅，让客厅空间更加宽敞；吊顶上对称的造型，让空间更加整洁。

主要材料：①壁纸　②仿古砖　③白色乳胶漆

施工要点

沙发背景墙面用水泥砂浆找平，按设计需求用硅酸钙板做出墙面上的凹凸造型。墙面满刮三遍腻子，用砂纸打磨光滑，刷底漆、面漆。部分墙面刷一层基膜，用环保白乳胶配合专业壁纸粉将壁纸固定在墙面上。

主要材料：①壁纸　②大理石　③白色乳胶漆

施工要点

用点挂及干挂的方式将米黄色石材及其收边线条固定在电视背景墙上，完工后用专业石材勾缝剂填缝。剩余墙面用木工板打底，用粘贴固定的方式将茶镜固定在底板上。

主要材料：①米黄色石材　②茶镜　③白色乳胶漆

施工要点

沙发背景墙面用水泥砂浆找平，墙面满刮三遍腻子，用砂纸打磨光滑，刷一层基膜，用环保白乳胶配合专业壁纸粉将壁纸固定在墙面上，最后安装踢脚线。

主要材料：①壁纸　②印花玻璃　③仿古砖

施工要点

电视背景墙面用水泥砂浆找平，用点挂的方式将大理石固定在电视背景墙上，完工后用专业石材勾缝剂填缝。剩余墙面满刮三遍腻子，用砂纸打磨光滑，刷一层基膜后贴壁纸。

主要材料： ①大理石 ②壁纸 ③白色乳胶漆

施工要点

用点挂的方式将大理石固定在电视背景墙面上。茶镜饰面的墙体用木工板打底。剩余墙面满刮三遍腻子，用砂纸打磨光滑，固定实木线条，刷底漆、面漆，部分墙面刷一层基膜后贴壁纸，用玻璃胶固定镜子。

主要材料： ①大理石 ②壁纸 ③茶镜

弧形的门拱、浅暖的色调，营造出古典欧式风格的优雅、和谐、舒适与浪漫。

主要材料： ①玻化砖 ②石膏板造型 ③玉石

施工要点

用湿贴的方式配合益胶泥将大理石斜拼固定在电视背景墙上，用白水泥固定马赛克。用木工板做出墙面上灯槽结构及凹凸造型，固定成品实木线条，墙面满刮三遍腻子，用砂纸打磨光滑，刷一层基膜后贴壁纸，用粘贴固定的方式固定镜子。

主要材料： ①玻化砖 ②壁纸 ③雕花茶镜

沙发背景的镜面装饰在视觉上拉伸了空间。米黄石材、白色石材和碎花壁纸的搭配，形塑出协调而契合的空间效果。

主要材料：①白色大理石 ②壁纸 ③镜面

施工要点

用点挂的方式将大理石固定在壁炉造型上。用湿贴的方式将文化石固定在墙面上。用木工板做出层板造型，贴装饰面板后刷油漆。剩余墙面满刮三遍腻子，用砂纸打磨光滑，刷底漆、有色面漆。

主要材料：①仿古砖 ②文化石 ③有色乳胶漆

施工要点

沙发背景墙面用水泥砂浆找平，用点挂的方式将米黄色石材固定在墙面上，完工后用勾缝剂填缝。剩余墙面用木工板打底，用粘贴固定的方式将镜子固定在底板上。

主要材料：①米黄色石材 ②雕花银镜 ③白色乳胶漆

施工要点

电视背景墙面用水泥砂浆找平，用点挂的方式将米黄石材固定在电视背景墙上。剩余墙面满刮三遍腻子，用砂纸打磨光滑，刷一层基膜后贴壁纸。

主要材料：①壁纸 ②米黄大理石 ③深啡网纹大理石

施工要点

用点挂的方式将大理石固定在电视背景墙上。镜子基层用木工板打底，剩余墙面用硅酸钙板打底找平。墙面满刮三遍腻子，用砂纸打磨光滑，刷底漆、面漆，部分墙面刷一层基膜后贴壁纸。用粘贴固定的方式将镜子固定在底板上。

主要材料：①茶镜　②壁纸　③大理石

施工要点

沙发背景墙面用水泥砂浆找平，用点挂的方式将大理石收边线条固定在墙面上，用硅酸钙板做出墙上的凹凸造型。整个墙面满刮三遍腻子，用砂纸打磨光滑，刷底漆、面漆。部分墙面刷一层基膜后贴壁纸。

主要材料：①壁纸　②大理石　③白色乳胶漆

电视背景墙面上横向的金镜，勾勒出时尚、简洁、敞亮的空间气氛。大面积的镜面装饰令客厅更加明亮。

主要材料：①米色玻化砖　②壁纸　③雕花银镜

施工要点

用点挂的方式固定米黄大理石，剩余墙面防潮处理后用木工板打底，用粘贴固定的方式将镜子固定在底板上，最后固定通花板。

主要材料：①米黄大理石　②红镜　③白色乳胶漆

施工要点

用干挂的方式将米黄石材固定在电视背景墙面上。用硅酸钙板做出两侧对称造型，墙面满刮三遍腻子，用砂纸打磨光滑，刷底漆、面漆。部分墙面刷一层基膜后贴壁纸。

主要材料：①大理石　②壁纸　③车边茶镜

施工要点

用木工板做出客厅沙发背景墙上的凹凸造型，墙面满刮三遍腻子，用砂纸打磨光滑，刷底漆，固定成品收边线条，刷白色及有色面漆。用粘贴固定的方式将镜子固定在底板上。

主要材料：①有色乳胶漆　②复合实木地板　③银镜

冷暖色调的对比增加了视觉冲击力；特色吊顶为空间添彩。

主要材料：①复合实木地板　②白色乳胶漆　③有色乳胶漆

施工要点

用点挂的方式将白色大理石固定在电视背景墙上，按设计需求安装钢结构，用云石胶将米黄石材固定在支架上。最后将订制的通花板固定在墙面上。

主要材料：①白色大理石　②樱桃木饰面板　③壁纸

暖黄色的有色乳胶漆令空间清新、淡雅，让生活在其中的人感受到的是亲近和放松的舒适感。

主要材料：① 复合实木地板 ② 通花板 ③ 有色乳胶漆

施工要点

电视背景墙面用水泥砂浆找平，用点挂的方式将加工好的米黄大理石固定在墙面上，完工后用石材勾缝剂填缝。

主要材料：① 米黄大理石 ② 深啡网纹大理石 ③ 白色乳胶漆

施工要点

电视背景墙面用水泥砂浆找平，用点挂的方式将白色大理石及米黄色石材固定在墙面上，镜子基层用木工板打底，剩余墙面满刮三遍腻子，用砂纸打磨光滑，刷底漆、白色及有色面漆，用玻璃胶固定镜子，最后固定成品通花板。

主要材料：① 米黄色石材 ② 爵士白大理石 ③ 镜子

施工要点

用硅酸钙板做出沙发背景墙面上的灯槽结构及设计图中造型。整个墙面满刮三遍腻子，用砂纸打磨光滑，刷底漆，固定实木线条，刷白色及有色面漆。

主要材料：① 石膏脚线 ② 有色乳胶漆 ③ 仿古砖

施工要点

电视背景墙面用水泥砂浆找平，用点挂的方式将大理石固定在电视背景墙面上，完工后用勾缝剂填缝。剩余墙面满刮三遍腻子，用砂纸打磨光滑，刷一层基膜后贴壁纸。

主要材料：①玻化砖 ②米黄大理石 ③啡网纹墙砖

素雅的壁纸搭配精致的简欧家具，营造了一个高贵的空间。

主要材料：①玻化砖 ②壁纸 ③雨林啡大理石

施工要点

沙发背景墙面用水泥砂浆找平，用木工板及硅酸钙板做出灯槽结构，墙面满刮三遍腻子，用砂纸打磨光滑，刷底漆、面漆，部分墙面刷一层基膜后贴壁纸。用粘贴固定的方式将镜子固定在底板上。

主要材料：①壁纸 ②银镜 ③复合实木地板

施工要点

用点挂的方式将米黄石材固定在柱子上，待室内硬装完工后，用螺钉将订制的通花板固定在地面与吊顶间。

主要材料：①玻化砖 ②柚木饰面板 ③通花板

施工要点

用木工板做出电视背景墙面上的收边线条，贴装饰面板后刷油漆。剩余墙面满刮三遍腻子，用砂纸打磨光滑，刷一层基膜，用环保白乳胶配合专业壁纸粉将壁纸固定在墙面上。

主要材料：①壁纸 ②深啡网纹大理石 ③米黄色石材

施工要点

用湿贴的方式将仿古砖斜拼固定在电视背景墙面上，完工后用勾缝剂填缝。剩余墙面用硅酸钙板做出凹凸造型，墙面满刮三遍腻子，用砂纸打磨光滑，固定成品收边线条，刷底漆、面漆。部分墙面刷一层基膜后贴壁纸。

主要材料：①仿古砖 ②壁纸 ③木纹玻化砖

施工要点

用点挂的方式将深啡网纹大理石固定在电视背景墙面上，完工后用勾缝剂填缝。剩余墙面用木工板打底并作出收边线条，线条贴水曲柳饰面板后刷油漆。用粘贴固定的方式将镜子固定在底板上。

主要材料：①壁纸 ②银镜 ③深啡网纹大理石

电视背景墙两侧的对称造型让空间更加整洁，精致的水晶灯让空间奢华而恬淡。

主要材料：①壁纸 ②复合实木地板 ③白色乳胶漆

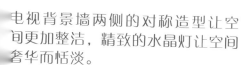

施工要点

电视背景墙面用水泥砂浆找平，用木工板做出设计图纸中的造型，贴橡木饰面板后刷油漆。剩余墙面满刮三遍腻子，用砂纸打磨光滑，刷一层基膜后贴壁纸。将订制的大理石台面固定在电视柜上。

主要材料：①米黄色石材　②壁纸　③白色乳胶漆

施工要点

沙发背景墙面用水泥砂浆找平，用点挂的方式将米黄石材固定在背景墙面上，完工后用勾缝剂填缝。用木工板做出收边线条，贴装水曲柳饰面板后刷油漆。剩余墙面满刮三遍腻子，用砂纸打磨光滑，刷一层基膜后贴壁纸。

主要材料：①壁纸　②米黄玻化砖　③白色乳胶漆

施工要点

用点挂的方式将米黄木纹大理石固定在电视背景墙面上，完工后用石材勾缝剂填缝。剩余墙面防潮处理后用木工板打底，用粘贴固定的方式将镜面玻璃固定在底板上，最后安装成品实木通花板。

主要材料：①木纹大理石　②通花板　③白色乳胶漆

说明： 浅色木饰面搭配暖黄色壁纸，使空间不仅具有亲和力，更令居住者有一种轻松的感觉。

主要材料：①壁纸　②米黄色石材　③白色乳胶漆

施工要点

主题墙面用水泥砂浆找平，用点挂及干挂的方式将订制的米黄石材固定在墙面上，完工后用勾缝剂填缝。用木工板做出层板及收边线条，贴水曲柳饰面板后刷油漆。

主要材料：①玻化砖　②深啡网纹大理石　③壁纸

素雅的色调给人温馨的舒适感，精雅的吊顶搭配简欧家具，营造了清幽素雅的美感。

主要材料：①复合实木地板　②壁纸

施工要点

用湿贴的方式将仿古砖固定在电视背景墙面上，完工后用勾缝剂填缝。剩余墙面满刮三遍腻子，固定实木收边线条，刷底漆、有色面漆，部分墙面刷一层基膜后贴壁纸。

主要材料：①仿古砖　②有色乳胶漆　③壁纸

施工要点

电视背景墙面用水泥砂浆找平，用点挂的方式将大理石固定在墙面上，完工后用石材勾缝剂填缝。剩余墙面防潮处理后用木工板打底，用粘贴固定的方式将银镜固定在底板上，完工后用密封胶密封。

主要材料：①米黄色石材　②雨林啡大理石　③银镜

施工要点

电视背景墙面用水泥砂浆找平，用点挂的方式将大理石固定在背景墙面上，完工后用石材勾缝剂填缝。剩余墙面满刮三遍腻子，用砂纸打磨光滑，刷一层基膜，贴壁纸。

主要材料： ①壁纸 ②仿古砖 ③白色乳胶漆

施工要点

用点挂的方式将大理石收边线条固定在墙面上，软包基层用木工板打底。剩余墙面用木工板做出凹凸造型，满刮三遍腻子，用砂纸打磨光滑，刷底漆、面漆，部分墙面刷一层基膜后贴壁纸。用气钉及万能胶将软包固定在底板上。

主要材料： ①深啡网纹大理石 ②壁纸 ③软包

施工要点

电视背景墙面用水泥砂浆找平，用点挂的方式将大理石及定制的砂岩固定在墙面上，完工后用专业石材勾缝剂填缝。

主要材料： ①米黄色石材 ②深啡网纹大理石 ③砂岩

挑高的客厅令空间大气舒适，简洁的壁纸和线条让环境既简单又轻松。

主要材料： ①壁纸 ②大理石 ③白色乳胶漆

客厅圆形立体吊顶，搭配暖色壁纸，营造出明亮的视觉效果，特色吊灯为空间添彩。

主要材料：①米黄色石材 ②白色大理石 ③壁纸

施工要点

主题墙面用水泥砂浆找平，用点挂的方式将米黄石材及白色大理石固定在墙面上。剩余墙面满刮三遍腻子，用砂纸打磨光滑，刷一层基膜，用环保白乳胶配合专业壁纸粉将壁纸固定在墙面上。

主要材料：①白色大理石 ②米黄石材 ③壁纸

施工要点

用点挂的方式将大理石固定在电视背景墙面上，完工后用石材勾缝剂填缝。镜面基层用木工板打底，剩余墙面用硅酸钙板打底找平，墙面满刮三遍腻子，用砂纸打磨光滑，刷底漆、面漆。用粘贴固定的方式将银镜固定在底板上。

主要材料：①大理石 ②银镜 ③白色乳胶漆

施工要点

用点挂的方式将大理石固定在电视背景墙面上。剩余墙面防潮处理后用木工板打底，用气钉及万能胶将订制的软包分块固定在底板上。

主要材料：①大理石 ②软包 ③壁纸

施工要点

用硅酸钙板及成品石膏线条做出电视背景墙上的造型，整个墙面满刮三遍腻子，用砂纸打磨光滑，刷底漆、面漆。贴壁纸的墙面施工前需刷一层基膜，用环保白乳胶配合专业壁纸粉进行施工。

主要材料：①壁纸　②玻化砖　③白色乳胶漆

沙发背景墙大面积金镜饰面，带来明亮的视觉效果，让空间更宽敞、简洁、干净。

主要材料：①金镜　②大理石　③白色乳胶漆

施工要点

电视背景墙面用水泥砂浆找平，用点挂的方式将大理石固定在墙面上。剩余墙面防潮处理后用木工板打底，用粘贴固定的方式将镜子固定在底板上，完工后用硅酮密封胶密封。

主要材料：①大理石　②茶镜　③白色乳胶漆

施工要点

客厅沙发背景墙面用水泥砂浆找平，用湿贴的方式固定踢脚线，墙面满刮三遍腻子，用砂纸打磨光滑，固定成品实木收边线条，墙面刷一层基膜，用环保白乳胶配合专业壁纸粉将壁纸固定在墙面上。

主要材料：①大理石　②白色乳胶漆　③壁纸

沙发背景墙的碎花壁纸与沙发的图案相呼应，让环境既简单又轻松，弥漫着浓郁的田园气息。

主要材料： ①仿古砖　②白色乳胶漆
③壁纸

施工要点

电视背景墙面用水泥砂浆找平，按照设计图纸在墙面上弹线放样，用点挂的方式将大理石固定在墙面上，完工后用石材勾缝剂填缝。

主要材料： ①深啡网纹大理石　②米黄色石材　③白色乳胶漆

施工要点

电视背景墙面用水泥砂浆找平，按照设计图纸在墙面上弹线放样，确定不同石材的位置，用点挂的方式将大理石固定在墙面上，完工后用专业石材勾缝剂填缝。

主要材料： ①米黄大理石　②白色乳胶漆　③壁纸

施工要点

用点挂的方式将大理石固定在电视背景墙面上。镜子饰面的墙体用木工板打底，剩余墙面满刮三遍腻子，用砂纸打磨光滑，刷一层基膜后贴壁纸。用粘贴固定的方式将镜子固定在底板上。

主要材料： ①大理石　②银镜　③壁纸

电视背景墙面用水泥砂浆找平，用点挂的方式将大理石固定在墙面上，完工后用勾缝剂填缝。剩余墙面防潮处理后用木工板打底，用粘贴固定的方式将镜子固定在底板上。

主要材料：①米黄色石材　②雕花茶镜　③白色乳胶漆

用点挂的方式将米黄色石材固定在电视背景墙面上，剩余墙面用木工板打底，用玻璃胶固定通花板和镜子，完工后用硅酮密封胶密封，最后固定硬包。

主要材料：①米黄色石材　②银镜　③硬包

沙发背景墙中的镜面装饰在视觉上拉伸了空间，营造出明亮的视觉效果。

主要材料：①米黄石材　②壁纸　③玻化砖

电视背景墙面用水泥砂浆找平，用点挂的方式将大理石固定在电视背景墙面上，完工后用石材勾缝剂填缝。剩余墙面防潮处理后用木工板打底，用玻璃胶将镜子固定在底板上。

主要材料：①米黄色石材　②茶镜　③白色乳胶漆

大面积市饰面暖化了客厅环境，暖色的壁纸令环境更加温馨。

主要材料：①米黄色石材　②壁纸　③白色乳胶漆

施工要点

用点挂的方式将米黄色石材及深咖网纹大理石踢脚线固定在墙面上。剩余墙面满刮三遍腻子，用砂纸打磨光滑，刷底漆、有色面漆，部分墙面刷一层基膜后贴壁纸。固定成品通花板。

主要材料：①米黄色石材　②壁纸　③深咖网纹大理石

施工要点

沙发背景墙面用水泥砂浆找平，用点挂的方式将米黄色石材固定在墙面上。镜子饰面的墙体用木工板打底。剩余墙面满刮三遍腻子，用砂纸打磨光滑，刷一层基膜后贴壁纸。用玻璃胶固定镜面。

主要材料：①米黄色石材②雕花茶镜　③壁纸

施工要点

用点挂的方式将浅咖网纹大理石固定在墙面上。剩余墙面满刮三遍腻子，用砂纸打磨光滑，刷一层基膜，用环保白乳胶配合专业壁纸粉将壁纸固定在墙面上。

主要材料：①浅咖网纹大理石②壁纸　③玻化砖

施工要点

用点挂的方式将米黄色石材固定在电视背景墙面上。剩余墙面满刮三遍腻子，用砂纸打磨光滑，刷一层基膜，用环保白乳胶配合专业壁纸粉将壁纸固定在墙面上。

主要材料：①米黄色石材 ②壁纸 ③白色乳胶漆

施工要点

电视背景墙面用水泥砂浆找平，用点挂的方式将大理石固定在墙面上，完工后用石材勾缝剂填缝。剩余墙面防潮处理后用木工板打底，用粘贴固定的方式将银镜固定在底板上。

主要材料：①车边银镜 ②大理石 ③壁纸

白色的墙面搭配碎花壁纸，渲染出一种独特的田园气息。

主要材料：①壁纸 ②白色乳胶漆 ③仿古砖

施工要点

电视背景墙面用水泥砂浆找平，用硅酸钙板做出墙面上的凹凸造型，固定石膏线条。整个墙面满刮三遍腻子，用砂纸打磨光滑，刷底漆、面漆。贴壁纸的墙面施工前刷一层基膜，用环保白乳胶配合专业壁纸粉进行施工。

主要材料：①壁纸 ②复合实木地板 ③车边银镜

施工要点

用点挂的方式将加工好的大理石固定在电视背景墙面上，镜子饰面的墙体用木工板打底。剩余墙面满刮三遍腻子，用砂纸打磨光滑，刷一层基膜后贴壁纸。用玻璃胶将镜子固定在底板上。

主要材料：①米黄色石材 ②车边金镜 ③壁纸

施工要点

电视背景墙面用水泥砂浆找平，用干挂的方式将大理石固定在墙面上，完工后用石材勾缝剂填缝。

主要材料：①米黄色石材 ②深啡网纹大理石 ③壁纸

施工要点

电视背景墙面用水泥砂浆找平，用木工板做出储物柜及电视柜造型，贴水曲柳饰面板后刷油漆。剩余墙面满刮三遍腻子，用砂纸打磨光滑，刷底漆、有色面漆。用粘贴固定的方式将镜子固定在底板上。

主要材料：①有色乳胶漆 ②银镜 ③米黄色石材

米黄色石材和镜子搭配的电视背景墙，营造出别具一格的居室风格，绿色植物的摆放令空间富有清新感觉。

主要材料：①米黄色石材 ②镜子 ③壁纸

施工要点

用硅酸钙板做出电视背景墙面上的凹凸造型，整个墙面满刮三遍腻子，用砂纸打磨光滑，固定成品实木线条，刷一层基膜，用环保白乳胶配合专业壁纸粉将壁纸固定在墙面上。

主要材料： ①壁纸 ②白色乳胶漆 ③大理石

大面积米黄色石材令客厅更显大气，圆形的吊顶搭配壁纸的造型，丰富了空间变化。

主要材料： ①壁纸 ②白色乳胶漆 ③米黄色石材

施工要点

电视背景墙面用水泥砂浆找平，用点挂的方式将爵士白大理石、深啡网纹大理石收边线条、米黄色石材固定在墙面上，完工后用专业石材勾缝剂填缝。

主要材料： ①米黄色石材 ②爵士白大理石 ③壁纸

施工要点

用点挂的方式将大理石固定在电视背景墙面上，镜子饰面的墙体用木工板打底，剩余墙面满刮三遍腻子，用砂纸打磨光滑，刷一层基膜后贴壁纸。用粘贴固定的方式将镜子固定在底板上。

主要材料： ①壁纸 ②大理石 ③雕花银镜

施工要点

电视背景墙面用水泥砂浆找平，墙面满刮三遍腻子，用砂纸打磨光滑，固定实木收边线条、镜子通花板及窗套，墙面刷一层基膜，用环保白乳胶配合专业壁纸粉将壁纸固定在墙面上。

主要材料：①壁纸 ②白色乳胶漆 ③大理石

蓝色的市饰面、米黄色墙面搭配拱形造型，巧妙地刻画出简约的乡村风格。

主要材料：①有色乳胶漆 ②复合实木地板 ③白色乳胶漆

施工要点

电视背景墙面用水泥砂浆找平，用木工板做出两侧凹凸造型，贴装饰面板后刷油漆。剩余墙面满刮三遍腻子，用砂纸打磨光滑，刷一层基膜，贴壁纸。

主要材料：①壁纸 ②大理石 ③白色乳胶漆

施工要点

电视背景墙面用水泥砂浆找平，用点挂的方式将米黄大理石及定制的砂岩固定在墙面上，剩余墙面满刮三遍腻子，用砂纸打磨光滑，刷底漆、面漆。

主要材料：①壁纸 ②米黄大理石 ③砂岩

施工要点

用干挂的方式将大理石固定在电视背景墙面上。剩余墙面满刮三遍腻子，用砂纸打磨光滑，刷一层基膜，用环保白乳胶配合专业壁纸粉将壁纸固定在墙面上。

主要材料：①大理石　②壁纸　③有色乳胶漆

吊顶通透的花格，让灯光更柔和，搭配整体的暖色调，使整个空间变得温馨浪漫。

主要材料：①壁纸　②茶镜　③爵士白大理石

施工要点

沙发背景墙面用水泥砂浆找平，用点挂的方式将米黄石材及定制的砂岩固定在墙面上，剩余墙面满刮三遍腻子，用砂纸打磨光滑，刷一层基膜，用环保白乳胶配合专业壁纸粉将壁纸固定在墙面上。

主要材料：①大理石　②砂岩　③壁纸

施工要点

用湿贴的方式将仿古砖斜拼固定在电视背景墙面上。用硅酸钙板做出墙面上的凹凸造型，墙面满刮三遍腻子，用砂纸打磨光滑，刷底漆、面漆。部分墙面刷一层基膜后贴壁纸。

主要材料：①仿古砖　②壁纸　③白色乳胶漆

施工要点

电视背景墙面用水泥砂浆找平，用湿贴的方式配合益胶泥将玉石固定在墙面上。用点挂的方式将米黄大理石及其收边线条固定在墙面上，完工后用专业石材勾缝剂填缝。

主要材料：①车边银镜　②米黄大理石　③玉石

施工要点

用湿贴的方式将仿古砖固定在墙面上，用干挂及点挂的方式固定米黄色石材收边线条。镜子基层用木工板打底，剩余墙面满刮三遍腻子，用砂纸打磨光滑，刷底漆、面漆，部分墙面刷一层基膜后贴壁纸。用玻璃胶固定镜子。

主要材料：①壁纸　②车边银镜　③米黄色石材

沙发背景墙面用米黄色石材斜拼，与吊顶手法保持一致，营造了一个温馨淡雅的居室。

主要材料：①壁纸　②米黄色石材
③白色乳胶漆

施工要点

电视背景墙面用水泥砂浆找平，按照设计需求在墙面上弹线放样，用点挂的方式将米黄色石材及砂岩固定在墙面上，完工后用石材勾缝剂填缝。

主要材料：①米黄色石材
②砂岩　③白色乳胶漆

施工要点

用湿贴的方式将文化石固定在电视背景墙面上，用干挂的方式固定深咖网纹大理石。剩余墙面防潮处理后用木工板打底，用粘贴固定的方式将镜子固定在底板上。

主要材料：①文化石 ②深咖网纹大理石 ③茶镜

施工要点

用木工板做出电视背景墙面上的灯槽结构，贴装饰面板，刷油漆。剩余墙面满刮三遍腻子，用砂纸打磨光滑，刷一层基膜后贴壁纸，安装踢脚线。

主要材料：①壁纸 ②有色乳胶漆 ③玻化砖

弧形造型的吊顶给客厅带来了情趣，斜拼手法丰富了空间变化，电视背景墙的米黄石材暖化了客厅环境。

主要材料：①米黄大理石 ②白色乳胶漆 ③黑色大理石

施工要点

电视背景墙面用水泥砂浆找平，用点挂的方式将大理石及定制的砂岩固定在墙面上。剩余墙面满刮三遍腻子，用砂纸打磨光滑，刷一层基膜，用环保白乳胶配合专业壁纸粉将壁纸固定在墙面上。

主要材料：①仿古砖 ②砂岩 ③壁纸

施工要点

电视背景墙面用水泥砂浆找平，用干挂的方式将定制的大理石及砂岩固定在电视背景墙面上，完工后用专业石材勾缝剂填缝。

主要材料： ①黄色大理石 ②白色乳胶漆 ③金箔壁纸

施工要点

用干挂的方式将米黄石材固定在电视背景墙面上，镜子饰面的墙体用木工板打底，剩余墙面满刮三遍腻子，用砂纸打磨光滑，刷一层基膜后贴壁纸。用粘贴固定的方式将镜子固定在底板上。

主要材料： ①壁纸 ②银镜 ③仿古砖

施工要点

用点挂的方式将米黄色石材固定在电视背景墙面上，镜子饰面的墙体用木工板打底，剩余墙面满刮三遍腻子，用砂纸打磨光滑，固定实木线条，墙面刷一层基膜后贴壁纸。用粘贴固定的方式将镜子固定在底板上。

主要材料： ①米黄色石材 ②壁纸 ③茶镜

施工要点

用点挂的方式将定制的爵士白大理石固定在墙面上，镜子基层用木工板打底。剩余墙面满刮三遍腻子，用砂纸打磨光滑，刷一层基膜后贴壁纸，用粘贴固定的方式将镜子固定在底板上，最后固定通花板。

主要材料： ①白色大理石 ②壁纸 ③银镜

施工要点

用点挂的方式将黄色大理石斜拼固定在电视背景墙面上。用干挂的方式固定大理石收边线条。剩余墙面防潮处理后用木工板打底，用粘贴固定的方式固定镜子。

主要材料：①大理石　②车边茶镜　③壁纸

电视背景墙面上砂岩和镜面玻璃材质上形成强烈的对比，华丽的水晶灯搭配欧式家具，令客厅更加大气、奢华。

主要材料：①壁纸　②砂岩　③米黄色石材

施工要点

客厅电视背景墙面用水泥砂浆找平，用硅酸钙板及实木线条做出墙面上的凹凸造型。整个墙面满刮三遍腻子，用砂纸打磨光滑，刷底漆、面漆。贴壁纸的墙面需刷一层基膜后施工。

主要材料：①壁纸　②白色乳胶漆　③仿古砖

施工要点

用点挂的方式将大理石固定在电视背景墙面上，完工后用专业石材勾缝剂填缝。剩余墙面满刮三遍腻子，用砂纸打磨光滑，刷一层基膜后贴壁纸。

主要材料：①壁纸　②大理石　③玻化砖

用点挂的方式将米黄色石材固定在电视背景墙面上。剩余墙面满刮三遍腻子，用砂纸打磨光滑，刷一层基膜，用环保白乳胶配合专业壁纸粉将壁纸固定在墙面上。

主要材料：①壁纸　②米黄色石材　③白色乳胶漆

电视背景墙两侧对称造型用砂岩装饰，彰显大气；搭配上米黄色石材，令客厅更显气派。

主要材料：①白色乳胶漆　②米黄色石材　③砂岩

施工要点

按照设计图纸电视背景墙砌成凹凸弧形造型，整个墙面用水泥砂浆找平，满刮三遍腻子，用砂纸打磨光滑，刷底漆、有色面漆，部分墙面用肌理漆饰面。

主要材料：①白色乳胶漆　②有色乳胶漆　③仿古砖

施工要点

客厅电视背景墙面用水泥砂浆找平，用点挂的方式将大理石固定在电视背景墙上。剩余墙面满刮三遍腻子，用砂纸打磨光滑，刷一层基膜后贴壁纸。

主要材料：①爵士白大理石　②壁纸　③镜面玻璃

挑高的客厅，整体的暖色调，搭配欧式家具，营造出古典欧式风格的优雅、和谐、舒适和浪漫。

主要材料：①壁纸 ②白色乳胶漆 ③米黄色石材

施工要点

用干挂的方式将加工好的爵士白大理石固定在电视背景墙面上，完工后用石材勾缝剂填缝。用木工板做出层板造型，贴橡木饰面板后刷油漆。剩余墙面满刮三遍腻子，用砂纸打磨光滑，刷底漆、面漆。

主要材料：①爵士白大理石 ②壁纸 ③白色乳胶漆

施工要点

客厅电视背景墙面用水泥砂浆找平，用点挂的方式将爵士白大理石收边线条固定在墙体上。剩余墙面满刮三遍腻子，用砂纸打磨光滑，固定石膏条，刷底漆、面漆。部分墙面刷一层基膜后贴壁纸。

主要材料：①白色乳胶漆 ②爵士白大理石 ③壁纸

施工要点

电视背景墙面用水泥砂浆找平，镜面饰面的墙体用木工板打底，用硅酸钙玻璃板做出灯槽结构。墙面满刮三遍腻子，用砂纸打磨光滑，刷底漆、有色面漆。部分墙面刷一层基膜后贴壁纸。用玻璃胶固定镜面玻璃。

主要材料：①有色乳胶漆 ②壁纸 ③镜面玻璃

粗犷的砂岩装饰背景墙面，两侧对称的造型丰富了空间视觉效果，共同营造出一个大气温馨的居室。

主要材料：①砂岩 ②米黄色石材 ③白色乳胶漆

施工要点

用点挂的方式将砂岩固定在客厅沙发背景墙上方。剩余墙面用硅酸钙板及石膏线条做出设计图中的造型，墙面满刮三遍腻子，用少纸打磨光滑，刷底漆、面漆，安装踢脚线。

主要材料：①砂岩 ②白色乳胶漆 ③大理石

施工要点

用干挂的方式将米黄色石材固定在电视背景墙面上，用硅酸钙板做出墙面上的凹凸造型。整个墙面满刮三遍腻子，用砂纸打磨光滑，刷底漆、面漆，部分墙面刷一层基膜后贴壁纸。

主要材料：①壁纸 ②米黄色石材 ③白色乳胶漆

施工要点

用湿贴的方式将仿古砖斜拼固定在电视背景墙面上，完工后用勾缝剂填缝。用硅酸钙及木工板做出灯槽结构。墙面满刮三遍腻子，用砂纸打磨光滑，刷底漆、面漆。用粘贴固定的方式将镜面玻璃固定在底板上。

主要材料：①壁纸 ②仿古砖 ③镜面玻璃

挑高的客厅彰显主人的大气，圆形吊顶搭配金箔装饰更显高贵，与欧式家具一起营造了一个贵族氛围的客厅。

主要材料：①大理石　②壁纸　③白色乳胶漆

施工要点

用点挂的方式将大理石固定在电视背景墙面上，镜面玻璃基层用木工板打底。剩余墙面满刮三遍腻子，用砂纸打磨光滑，固定实木收边线条，刷一层基膜，贴壁纸。用玻璃胶将镜面玻璃固定在底板上。

主要材料：①大理石　②镜面玻璃　③白色乳胶漆

施工要点

客厅电视背景墙面用水泥砂浆找平，整个墙面满刮三遍腻子，用砂纸打磨光滑，固定石膏线条，刷底漆、面漆。部分墙面刷一层基膜后贴壁纸。最后安装实木踢脚线。

主要材料：①壁纸　②白色乳胶漆　③复合实木地板

施工要点

客厅电视背景墙面用水泥砂浆找平，银镜饰面的墙体用木工板打底。剩余墙面满刮三遍腻子，用砂纸打磨光滑，固定实木线条，刷一层基膜后贴壁纸。用玻璃胶将银镜固定在底板上。

主要材料：①壁纸　②车边银镜　③玻化砖

施工要点

用干挂的方式将米黄色石材固定在电视背景墙面上，镜面饰面的墙体用木工板打底，剩余墙面满刮三遍腻子，用砂纸打磨光滑，刷一层基膜后贴壁纸。用粘贴固定的方式将雕花银镜固定在底板上。

主要材料： ①米黄色石材　②壁纸　③雕花银镜

施工要点

沙发背景墙面用水泥砂浆找平，整个墙面满刮三遍腻子，用砂纸打磨光滑，用快干粉固定石膏线条，刷底漆、面漆。部分墙面刷一层基膜后贴壁纸。

主要材料： ①白色乳胶漆　②壁纸　③石材

客厅电视背景墙面用米黄色石材和暖色壁纸装饰，营造温馨气氛。背景墙面上的银镜装饰令客厅更加明亮。

主要材料： ①壁纸　②银镜　③米黄色石材

施工要点

用点挂的方式将米黄色石材固定在电视背景墙上，银镜饰面的墙体用木工板打底，用木工板做出壁纸的收边线条。剩余墙面满刮腻子，刷底漆、面漆，部分墙面刷一层基膜后贴壁纸。用粘贴固定的方式固定银镜。

主要材料： ①米黄色石材　②银镜　③壁纸

施工要点

用硅酸钙板做出客厅电视背景墙上的凹凸造型。整个墙面满刮三遍腻子，用砂纸打磨光滑，刷底漆、面漆。贴壁纸的墙面施工前刷一层基膜，用环保白乳胶配合专业壁纸粉进行施工。

主要材料：①镜面 ②壁纸 ③米黄色石材

施工要点

用干挂及点挂的方式将米黄色石材固定在电视背景墙上。剩余墙面满刮三遍腻子，用砂纸打磨光滑，刷一层基膜，用环保白乳胶配合专业壁纸粉将壁纸固定在墙面上。

主要材料：①米黄色石材 ②壁纸 ③白色乳胶漆

电视背景墙面上的暖色壁纸在灯光照射下令客厅更加温馨。特色装饰画为空间添彩，水晶吊灯搭配金箔，赋予了空间高贵的气质。

主要材料：①大理石 ②壁纸 ③白色乳胶漆

施工要点

用硅酸钙板做出客厅电视背景墙上的灯槽结构，整个墙面满刮三遍腻子，用砂纸打磨光滑，刷底漆、面漆。部分墙面刷一层基膜，用环保白乳胶配合专业壁纸粉将壁纸固定在墙面上，安装踢脚线。

主要材料：①壁纸 ②白色乳胶漆 ③大理石

米黄色石材和壁纸装饰电视背景墙面，呼应了整体装修色调；镜面的使用，视觉上放大了客厅空间。

主要材料：① 米黄色石材　② 壁纸　③ 镜面

施工要点

用干挂的方式将加工好的大理石固定在电视背景墙面上，软包基层用木工板打底。剩余墙面用硅酸钙板做出两侧对称造型，满刮三遍腻子，用砂纸打磨光滑，刷底漆、面漆。部分墙面刷一层基膜后贴壁纸。用气钉及万能胶固定软包。

主要材料：① 白色乳胶漆　② 壁纸　③ 软包

施工要点

用干挂的方式将米黄色石材固定在电视背景墙面上。银镜基层用木工板打底，剩余墙面满刮三遍腻子，用砂纸打磨光滑，刷一层基膜后贴壁纸。用玻璃胶将银镜固定在底板上。

主要材料：① 米黄色石材　② 银镜　③ 壁纸

施工要点

客厅电视背景墙面用水泥砂浆找平，银镜面基层用木工板打底。剩余墙面用硅酸钙板及石膏线条做出造型，墙面满刮三遍腻子，用砂纸打磨光滑，刷底漆、面漆。部分墙面刷一层基膜后贴壁纸，用玻璃胶固定银镜。

主要材料：① 壁纸　② 银镜　③ 玻化砖

施工要点

用点挂的方式固定米黄石材形成矮台。用木工板及硅酸钙板做出客厅电视背景墙两侧的对称造型。整个墙面满刮三遍腻子，用砂纸打磨光滑，刷底漆、面漆。贴壁纸的墙面施工前需刷一层基膜。

主要材料：①壁纸 ②白色乳胶漆 ③金刚板

施工要点

用点挂的方式将加工好的米黄色石材固定在电视背景墙上。剩余墙面满刮三遍腻子，用砂纸打磨光滑，刷一层基膜，用环保白乳胶配合专业壁纸粉将壁纸固定在墙面上，最后安装踢脚线。

主要材料：①米黄色石材 ②壁纸 ③白色乳胶漆

电视背景墙面用米黄色石材和暖色调壁纸装饰，共同营造了一个温馨的家居环境。

主要材料：①壁纸 ②银镜 ③米黄色石材

施工要点

用点挂的方式将大理石及其收边线条固定在墙面上，完工后用石材勾缝剂填缝。剩余墙面满刮三遍腻子，用砂纸打磨光滑，刷一层基膜，贴壁纸。

主要材料：①壁纸 ②大理石 ③白色乳胶漆

客厅沙发用大面积的雕花银镜装饰，令客厅更加明亮的同时，视觉上也放大了客厅空间。

主要材料：①大理石 ②砂岩 ③雕花银镜

施工要点

客厅电视背景墙面用水泥砂浆找平，整个墙面防潮处理后用木工板打底，用粘贴固定的方式将车边银镜固定在底板上。固定成品实木线条，最后固定软包。

主要材料：①软包 ②车边银镜 ③壁纸

施工要点

用点挂的方式将定制的米黄色石材固定在电视背景墙面上，镜子基层做防潮处理后用木工板打底。剩余墙面满刮三遍腻子，用砂纸打磨光滑，刷一层基膜后贴壁纸。用粘贴固定的方式将银镜固定在底板上。

主要材料：①壁纸 ②银镜 ③米黄色石材

施工要点

用点挂的方式将米黄色石材及其收边线条固定在客厅电视背景墙面上。剩余中间墙面满刮三遍腻子，用砂纸打磨光滑，刷一层基膜，用环保白乳胶配合专业壁纸粉将壁纸固定在墙面上。

主要材料：①壁纸 ②米黄色石材 ③白色乳胶漆

客厅电视背景墙面用雕花银镜、壁纸及米黄色石材装饰，加上绿色植物点缀，给客厅带来灵动的活力。

主要材料： ①壁纸 ②白色乳胶漆 ③雕花银镜

施工要点

客厅电视背景墙面用水泥砂浆找平，镜子饰面的墙体用木工板打底。剩余墙面满刮三遍腻子，用砂纸打磨光滑，固定成品收边线条，刷一层基膜后贴壁纸。用粘贴固定的方式固定车边银镜。

主要材料： ①车边银镜 ②壁纸 ③白色乳胶漆

施工要点

按设计需求客厅沙发背景墙面砌成凹凸造型，墙面满刮三遍腻子，用砂纸打磨光滑，固定实木线条，墙面用有色肌理漆饰面。

主要材料： ①肌理漆 ②仿古砖 ③白色乳胶漆

施工要点

用点挂的方式将米黄色石材固定在电视背景墙上，完工后用专业石材勾缝剂填缝。剩余墙面用木工板做出造型，贴枫木饰面板后刷油漆，安装实木踢脚线。

主要材料：①米黄色石材 ②壁纸 ③白色乳胶漆

施工要点

用干挂的方式将大理石固定在电视背景墙上，完工后用石材勾缝剂填缝。剩余墙面满刮三遍腻子，用砂纸打磨光滑，刷一层基膜，用环保白乳胶配合专业壁纸粉将壁纸固定在墙面上。

主要材料：①壁纸 ②米黄色石材 ③银镜

施工要点

用硅酸钙板及木工板做出设计图中需要的造型。整个墙面满刮三遍腻子，用砂纸打磨光滑，刷底漆、白色及有色面漆，最后安装实木踢脚线。

主要材料：①白色乳胶漆 ②有色乳胶漆 ③大理石

暖色调墙面、蓝白相间壁纸、特色水晶吊灯，共同营造了一个富有情调的客厅。

主要材料：①壁纸 ②仿古砖 ③有色乳胶漆

客厅沙发背景墙面用米黄色石材装饰，整个墙面给人一种沉稳、大气的感觉。

主要材料： ①米黄色石材　②白色乳胶漆　③浅啡网纹大理石

施工要点

电视背景墙砌成凹凸弧形造型，用湿贴的方式将文化石固定在电视背景墙面上。镜子基层用木工板打底，剩余墙面满刮三遍腻子，用砂纸打磨光滑，刷底漆、有色面漆。用粘贴固定的方式固定车边银镜。

主要材料： ①文化石　②仿古砖　③有色乳胶漆

施工要点

用点挂的方式将米黄石材固定在电视背景墙上，按照设计需求部分墙面用木工板打底并做出层板造型，贴橡木饰面板后刷油漆，剩余墙面用有色肌理漆饰面，最后固定铁艺挂件。

主要材料： ①肌理漆　②仿古砖　③橡木饰面板

施工要点

用点挂的方式固定米黄色石材收边线条，镜子饰面的墙体用木工板打底，剩余墙面用硅酸钙板做出凹凸造型及灯槽结构，墙面满刮三遍腻子，用砂纸打磨光滑，刷一层基膜后贴壁纸。用玻璃胶将茶镜固定在底面上。

主要材料： ①茶镜　②米黄色石材　③壁纸

施工要点

用湿贴的方式将文化石固定在电视背景墙面上,剩余墙面满刮三遍腻子,用砂纸打磨光滑,刷底漆、有色面漆。

主要材料:①有色乳胶漆 ②文化石 ③仿古砖

施工要点

用点挂的方式将米黄石材及砂岩固定在墙面上,镜面玻璃饰面的墙体防潮处理后用木工板打底。剩余墙面满刮三遍腻子,用砂纸打磨光滑,刷底漆、面漆。用粘贴固定的方式将镜面玻璃固定在底板上,最后固定铁艺通花板。

主要材料:①镜面玻璃 ②砂岩 ③白色乳胶漆

电视背景墙部分墙面用通花板装饰,令客厅更加通透。大幅色彩艳丽的油画,给客厅带来了大自然的气息。

主要材料:①白色乳胶漆 ②白色大理石 ③通花板

施工要点

用点挂的方式将米黄色石材收边线条固定在电视背景墙上。红镜基层防潮处理后用木工板打底。剩余墙面满刮三遍腻子，用砂纸打磨光滑，刷一层基膜后贴壁纸。用玻璃胶固定红镜。

主要材料：①米黄色石材 ②壁纸 ③红镜

米黄色石材装饰的电视背景墙彰显大气。特色的吊灯打破了空间的沉寂，增添情趣。

主要材料：①米黄色石材 ②白色乳胶漆 ③镜面

施工要点

客厅电视背景矮墙用水泥砂浆找平，用干挂的方式将大理石固定在墙面上，完工后用石材勾缝剂填缝。

主要材料：①大理石 ②壁纸 ③软包

施工要点

沙发背景墙面用水泥砂浆找平，用点挂的方式将米黄色石材固定在墙面上，完工后用勾缝剂填缝。剩余墙面满刮三遍腻子，用砂纸打磨光滑，刷一层基膜，用环保白乳胶配合专业壁纸粉将壁纸固定在墙面上。

主要材料： ①米黄色石材 ②车边银镜 ③壁纸

施工要点

客厅沙发背景墙面用水泥砂浆找平，用点挂的方式将大理石固定在墙面上。镜子饰面的墙体用木工板打底，固定实木收边线条。剩余墙面满刮三遍腻子，用砂纸打磨光滑，刷一层基膜后贴壁纸。用玻璃胶固定雕花银镜。

主要材料： ①壁纸 ②大理石 ③雕花银镜

施工要点

用点挂的方式将米黄色石材及爵士白大理石固定在电视背景墙面上，完工后用石材勾缝剂填缝。剩余墙面防潮处理后用木工板打底，用粘贴固定的方式将茶镜固定在底板上。

主要材料： ①茶镜 ②米黄色石材 ③壁纸

施工要点

客厅沙发背景墙面用水泥砂浆找平，用点挂的方式固定米黄色石材，完工后用勾缝剂填缝。剩余墙面满刮三遍腻子，用砂纸打磨光滑，刷一层基膜，用环保白乳胶配合专业壁纸粉将壁纸固定在墙面上。

主要材料： ①壁纸 ②米黄色石材 ③白色乳胶漆

施工要点

客厅电视背景墙面用水泥砂浆找平，用点挂的方式将定制的米黄大理石固定在墙面上，完工后用专业石材勾缝剂填缝。

主要材料：①米黄大理石　②白色乳胶漆　③浅啡网纹大理石

施工要点

用干挂的方式将米黄色石材固定在电视背景墙面上。用湿贴的方式固定仿古砖，完工后用勾缝剂填缝。剩余墙面做防潮处理，用地板钉将复合实木地板固定在墙面上。

主要材料：①米黄色石材　②仿古砖　③复合实木地板

施工要点

沙发背景墙面用水泥砂浆找平，用湿贴的方式将大理石踢脚线固定在墙面上。剩余墙面满刮三遍腻子，用砂纸打磨光滑，刷底漆，安装成品窗套线，刷有色面漆。

主要材料：①大理石　②有色乳胶漆　③白色乳胶漆

米黄色石材装饰电视背景墙面，吻合了整体的装修风格；过道处的镜面装饰在视觉上放大了空间。

主要材料：①壁纸　②大理石　③车边银镜

蓝白相间的马赛克及暖色调壁纸，搭配白色的墙面，彰显自然、随意、安详的生活方式。

主要材料：①壁纸 ②马赛克 ③白色乳胶漆

施工要点

在电视背景墙面上安装钢结构，用云石胶将大理石台面固定在支架上。用木工板做出储物柜造型，贴装饰面板后刷油漆。剩余墙面满刮三遍腻子，用砂纸打磨光滑，刷一层基膜后贴壁纸，用玻璃胶固定灰镜。

主要材料：①壁纸 ②大理石 ③灰镜

施工要点

用点挂的方式将大理石收边线条固定在墙面上，两侧用硅酸钙板做出凹凸造型。墙面满刮三遍腻子，用砂纸打磨光滑，刷底漆、面漆。部分墙面刷一层基膜，用环保白乳胶配合专业壁纸粉将壁纸固定在墙面上。

主要材料：①壁纸 ②银镜 ③白色乳胶漆

施工要点

用白水泥将马赛克固定在电视背景墙面前侧的矮台上。剩余墙面满刮三遍腻子，用砂纸打磨光滑，刷底漆、面漆。部分墙面刷一层基膜，用环保白乳胶配合专业壁纸粉将壁纸固定在墙面上，安装实木踢脚线。

主要材料：①仿古砖 ②壁纸 ③马赛克

施工要点

用点挂的方式将大理石固定在电视背景墙面上，完工后用专业石材勾缝剂填缝。剩余墙面防潮处理后用木工板打底，用粘贴固定的方式将车边灰镜固定在底板上。

主要材料： ①米黄色石材　②壁纸　③车边灰镜

施工要点

用点挂的方式将大理石固定在电视背景墙面上，镜子基层用木工板打底。剩余墙面满刮三遍腻子，用砂纸打磨光滑，刷底漆、面漆。部分墙面刷一层基膜后贴壁纸。用粘贴固定的方式固定车边银镜。

主要材料： ①车边银镜　②壁纸　③米黄色石材

白色与黄色搭配的电视背景墙面，令客厅恬静、温馨。蓝白相间的沙发活跃了客厅气氛。

主要材料： ①马赛克　②文化石　③有色乳胶漆

施工要点

用干挂的方式将大理石固定在电视背景墙上，完工后用专业石材勾缝剂填缝。镜面玻璃饰面的墙体防潮处理后用木工板打底，用粘贴固定的方式将其固定在底板上。

主要材料：①大理石　②白色乳胶漆　③镜面玻璃

施工要点

用硅酸钙板及木工板做出电视背景墙上的凹凸造型，层板贴装饰面板后刷油漆。剩余墙面满刮三遍腻子，用砂纸打磨光滑，刷底漆、面漆。部分墙面刷一层基膜后贴壁纸，安装踢脚线。

主要材料：①壁纸　②白色乳胶漆　③大理石

施工要点

用点挂的方式将米黄色石材及白色大理石收边线条固定在电视背景墙面上。镜面玻璃基层用木工板打底，剩余墙面满刮三遍腻子，用砂纸打磨光滑，刷一层基膜后贴壁纸。用玻璃胶将镜面玻璃固定在底板上。

主要材料：①米黄色石材　②镜面玻璃　③壁纸

电视背景墙两侧对称造型，令客厅更加整洁；大理石的运用给人一种沉稳大气的感觉。

主要材料：①大理石　②壁纸　③白色乳胶漆

施工要点

用白水泥将马赛克固定在电视背景墙面上，用木工板及硅酸钙板做出墙面上的造型，层板贴装饰面板后刷油漆。剩余墙面满刮三遍腻子，用砂纸打磨光滑，刷底漆、有色面漆。

主要材料：①马赛克　②有色乳胶漆　③壁纸

施工要点

用点挂的方式将大理石收边线条固定在墙面上，部分墙面用硅酸钙板离缝拼贴。茶镜基层用木工板打底，剩余墙面满刮三遍腻子，用砂纸打磨光滑，刷底漆、面漆。部分墙面刷一层基膜后贴壁纸，用玻璃胶固定茶镜。

主要材料：①壁纸　②啡网纹大理石　③茶镜

文化石装饰沙发背景墙和壁炉，令客厅充满欧美乡村的气息。

主要材料：①文化石　②白色乳胶漆　③有色乳胶漆

施工要点

用点挂的方式将浅啡网纹大理石固定在墙面上，剩余墙面防潮处理后用木工板打底，用粘贴固定的方式将车边银镜固定在底板上。用气钉及万能胶将订制的皮革软包固定在剩余底板上。

主要材料：①浅啡网纹大理石　②软包　③车边银镜

施工要点

用干挂的方式将大理石固定在电视背景墙面上，镜子基层用木工板打底。剩余墙面满刮三遍腻子，用砂纸打磨光滑，刷一层基膜后贴壁纸。用玻璃胶将灰镜固定在底板上。

主要材料：①大理石　②灰镜　③壁纸

客厅电视背景墙面上以浅咖啡色为底的花纹图案壁纸，搭配白色收边线再配以柔和的灯光，令客厅环境朴实、淡雅。

主要材料：①米黄色石材　②壁纸　③镜面

施工要点

用点挂的方式将大理石固定在电视背景墙面上，镜子饰面的墙体用木工板打底。剩余墙面满刮三遍腻子，用砂纸打磨光滑，刷一层基膜后贴壁纸。用玻璃胶将车边银镜固定在底板上，完工后用硅酮密封胶密封。

主要材料：①大理石　②壁纸　③车边银镜

施工要点

按照设计需求墙面砌成凹凸弧形造型，用木工板做出层板造型，贴装饰面板后刷油漆。剩余墙面满刮三遍腻子，用砂纸打磨光滑，刷底漆，有色面漆，安装实木踢脚线。

主要材料：①仿古砖 ②有色乳胶漆 ③白色乳胶漆

施工要点

用湿贴的方式将仿古砖斜拼固定在电视背景墙面上，完工后用勾缝剂填缝。剩余墙面用硅酸钙板及石膏线条做出凹凸造型，满刮三遍腻子，用砂纸打磨光滑，刷底漆、有色面漆。部分墙面刷一层基膜后贴壁纸。

主要材料：①仿古砖 ②有色乳胶漆 ③壁纸

施工要点

客厅沙发背景墙面用水泥砂浆找平，用硅酸钙板及石膏线条做出电视背景墙上的造型。墙面满刮三遍腻子，用砂纸打磨光滑，刷底漆、面漆。部分墙面刷一层基膜后贴壁纸。

主要材料：①壁纸 ②白色乳胶漆 ③爵士白大理石

客厅电视背景墙面用浅黄色碎花壁纸和有色乳胶漆饰面，共同营造了一个温馨的环境。

主要材料：①壁纸 ②复合实木地板 ③有色乳胶漆

挑高客厅的电视背景墙面用大理石装饰，彰显大气，体现了极致的生活品质。

主要材料：①米黄色石材　②白色乳胶漆　③深啡网纹大理石

施工要点

在电视背景墙面上安装钢结构，用云石胶将大理石固定在支架上。用点挂的方式固定米黄色石材，完工后用勾缝剂填缝。剩余墙面用木工板打底，用粘贴固定的方式固定镜面玻璃。

主要材料：①米黄色石材　②壁纸　③镜面玻璃

施工要点

用点挂的方式将大理石及砂岩固定在电视背景墙上，完工后用石材勾缝剂填缝。镜子基层用木工板打底，用粘贴固定的方式将雕花银镜固定在底板上，完工后用密封胶密封。

主要材料：①雕花银镜　②砂岩　③大理石

爵士白大理石和米黄色石材搭配装饰电视背景墙面，给空间创造了一个独有的气势，迎合了整体的欧式装修风格。

主要材料：①爵士白大理石 ②米黄色石材 ③白色乳胶漆

施工要点

客厅电视背景墙面用水泥砂浆找平，部分墙面用木工板打底。剩余墙面满刮三遍腻子，用砂纸打磨光滑，固定实木线条，刷一层基膜后贴壁纸。用粘贴气钉及万能胶将软包固定在底板上。

主要材料：①壁纸 ②软包 ③大理石

施工要点

电视背景矮墙用水泥砂浆找平，用干挂的方式将爵士白大理石固定在电视背景墙面上。剩余墙面满刮三遍腻子，用砂纸打磨光滑，刷一层基膜，用环保白乳胶配合专业壁纸粉将壁纸固定在墙面上。

主要材料：①壁纸 ②爵士白大理石 ③白色乳胶漆

施工要点

用点挂的方式将米黄色石材固定在电视背景墙上，完工后用专业石材勾缝剂填缝。剩余墙面防潮处理后用木工板打底，用粘贴固定的方式将雕花银镜固定在底板上。

主要材料：①雕花银镜　②米黄色石材　③白色乳胶漆

客厅沙发背景墙面上的镜面玻璃装饰，在视觉上拉伸空间；两幅色彩艳丽的油画成为空间里最耀眼的角色。

主要材料：①爵士白大理石　②壁纸　③镜面玻璃

施工要点

用点挂的方式将米黄色石材固定在沙发背景墙面上，镜子饰面的墙体用木工板打底。剩余墙面满刮三遍腻子，用砂纸打磨光滑，刷一层基膜后贴壁纸。用粘贴固定的方式将金镜固定在底板上。

主要材料：①金镜　②壁纸　③米黄色石材

施工要点

客厅电视背景墙面用水泥砂浆找平，用干挂的方式将米黄大理石固定在电视背景墙面上。剩余墙面满刮三遍腻子，用砂纸打磨光滑，刷一层基膜，用环保白乳胶配合专业壁纸粉将壁纸固定在电视背景墙面上。

主要材料：①壁纸　②米黄大理石　③白色乳胶漆

简洁的电视背景墙，白色与黄色的搭配，给人清雅脱俗之感。

主要材料： ①白色乳胶漆 ②有色乳胶漆 ③大理石

施工要点

用木工板及硅酸钙板做出客厅沙发背景墙上的造型。墙面满刮三遍腻子，用砂纸打磨光滑，刷底漆，固定实木线条，刷白色及有色面漆。贴壁纸的墙面施工前刷一层基膜，用环保白乳胶配合专业壁纸粉进行施工。

主要材料： ①白色乳胶漆 ②有色乳胶漆 ③壁纸

施工要点

客厅沙发背景墙面用水泥砂浆找平，用硅酸钙板做出墙面上的凹凸造型，茶镜基层用木工板打底。剩余墙面满刮三遍腻子，用砂纸打磨光滑，刷底漆、面漆。部分墙面刷一层基膜后贴壁纸。用粘贴固定的方式固定茶镜，最后固定通花板。

主要材料： ①茶镜 ②壁纸 ③白色乳胶漆

施工要点

客厅电视背景墙面用水泥砂浆找平，用点挂的方式将米黄色石材固定在电视背景墙面上。银镜饰面的墙体防潮处理后用木工板打底，用粘贴固定的方式将银镜固定在底板上。

主要材料： ①米黄色石材 ②银镜 ③壁纸

用点挂的方式将爵士白大理石及深啡网纹大理石固定在客厅电视背景墙面上。剩余墙面防潮处理后用木工板打底，用玻璃胶将雕花银镜固定在底板上，完工后用硅酮密封胶密封。

主要材料： 1 爵士白大理石　　2 雕花银镜　3 壁纸

客厅沙发背景墙面用水泥砂浆找平，用点挂的方式将米黄色石材固定在电视背景墙上。剩余墙面用硅酸钙板做离缝拼贴，满刮三遍腻子，用砂纸打磨光滑，刷底漆、面漆。

主要材料： 1 米黄色石材　　2 马赛克　3 白色乳胶漆

客厅沙发背景墙面上的大面积镜面玻璃装饰，给客厅增加明亮感；吊顶的通花格令光线更加柔和。

主要材料： 1 壁纸　　2 爵士白大理石　3 镜面玻璃

施工要点

用湿贴的方式将仿木纹砖固定在电视背景墙面上，用点挂的方式固定大理石收边线条。镜子基层用木工板打底。剩余墙面满刮三遍腻子，用砂纸打磨光滑，刷一层基膜后贴壁纸，用粘贴固定的方式将茶镜固定在底板上。

主要材料： ①壁纸　②茶镜　③仿木纹砖

暖色调的有色乳胶漆令客厅温馨、浪漫；吊顶的市线条装饰，令客厅散发着浓浓的古典韵味。

主要材料： ①仿古砖　②有色乳胶漆 ③白色乳胶漆

施工要点

客厅电视背景墙面用水泥砂浆找平，整个墙面防潮处理后用木工板打底，用玻璃胶将灰镜固定在底板上，用气钉及万能胶将定制的软包固定在剩余底板上。

主要材料： ①灰镜　②软包　③白色乳胶漆

施工要点

客厅电视背景墙面用水泥砂浆找平，墙面满刮三遍腻子，用砂纸打磨光滑，固定石膏线条，刷底漆、面漆，部分墙面刷一层基膜后贴壁纸。

主要材料：①白色乳胶漆　②壁纸　③仿木纹砖

施工要点

用点挂的方式将米黄色石材固定在电视背景墙面上，剩余墙面用硅酸钙板离缝拼贴，墙面满刮三遍腻子，用砂纸打磨光滑，刷底漆、面漆。

主要材料：①米黄色石材　②白色乳胶漆　③玻化砖

淡绿色的有色乳胶漆，给客厅带来了春天的气息；两幅以荷花为题材的装饰挂画，凸显主人品位。

主要材料：①有色乳胶漆　②实木地板　③杉木板

施工要点

按设计需求将电视背景墙面砌成凹凸弧形造型，用湿贴的方式将文化石固定在电视背景墙面上，用木工板做出层板及储物柜造型，贴胡桃木饰面板后刷油漆。剩余墙面满刮三遍腻子，用砂纸打磨光滑，刷底漆、有色面漆。

主要材料：①文化石　②有色乳胶漆　③仿古砖

米黄大理石和深色大理石搭配装饰电视背景墙面，稳重大气的欧式家具摆设，增添了客厅的高贵感。

主要材料： ① 大理石　② 白色乳胶漆　③ 有色乳胶漆

施工要点

用点挂的方式将米黄大理石固定在电视背景墙面上，完工后用专业石材勾缝剂填缝。剩余墙面满刮三遍腻子，用砂纸打磨光滑，固定石膏线条，刷底漆、面漆。

主要材料： ① 米黄大理石　② 白色乳胶漆　③ 银镜

施工要点

客厅电视背景墙面用水泥砂浆找平，用干挂的方式将加工好的大理石固定在电视背景墙面上。镜面玻璃基层用木工板打底，用玻璃胶固定，完工后用硅酮密封胶密封。

主要材料： ① 大理石　② 镜面玻璃　③ 壁纸

施工要点

按设计需求墙体砌成弧形凹凸造型，用水泥砂浆找平。用湿贴的方式将文化石固定在墙面上，用木工板做出层板造型，贴装饰面板后刷油漆。剩余墙面满刮三遍腻子，用砂纸打磨光滑，刷底漆、有色面漆，安装踢脚线。

主要材料： ① 仿古砖　② 文化石　③ 有色乳胶漆

楼梯过道处的镜面玻璃装饰给客厅增添明亮感的同时，视觉上又放大了空间；装饰油画增添情趣。

主要材料：①米黄色石材 ②有色乳胶漆 ③白色乳胶漆

施工要点

用湿贴的方式将仿古砖斜拼固定在墙面上，完工后用勾缝剂填缝。用干挂的方式固定米黄色石材。剩余墙面满刮三遍腻子，用砂纸打磨光滑，用有色肌理漆饰面，最后安装实木踢脚线。

主要材料：①仿古砖 ②米黄色石材 ③肌理漆

施工要点

客厅电视背景墙面用水泥砂浆找平，用木工板做出设计图中造型，贴装饰面板后刷油漆。剩余墙面满刮三遍腻子，用砂纸打磨光滑，刷底漆、有色面漆。

主要材料：①有色乳胶漆 ②复合实木地板 ③木饰面板

施工要点

客厅电视背景墙面用水泥砂浆找平，整个墙面满刮三遍腻子，用砂纸打磨光滑，刷底漆，将定制的成品木饰面造型固定在墙上，刷有色面漆。

主要材料：①有色乳胶漆 ②白色乳胶漆 ③玻化砖

施工要点

电视背景墙面砌成弧形凹凸造型，用点挂的方式将定制的砂岩固定在墙面上。剩余墙面满刮三遍腻子，用砂纸打磨光滑，刷底漆、有色面漆。

主要材料：①砂岩　②有色乳胶漆　③复合实木地板

黑色大理石搭配白色墙面，形成一种对比强烈的视觉反差，以一种强势的阳刚气息强烈地表达着主人低调沉稳的个性品味。

主要材料：①大理石　②白色乳胶漆　③壁纸

施工要点

用湿贴的方式将文化石固定在电视背景墙面上。用木工板做出层板造型，贴胡桃木饰面板后刷油漆。剩余墙面满刮三遍腻子，用砂纸打磨光滑，刷底漆、有色面漆。

主要材料：①文化石　②有色乳胶漆　③大理石

施工要点

客厅沙发背景墙面用水泥砂浆找平，用湿贴的方式将文化石固定在墙面上。剩余墙面满刮三遍腻子，用砂纸打磨光滑，刷底漆、有色面漆。

主要材料：①文化石　②有色乳胶漆　③仿古砖

施工要点

按照设计图纸用硅酸钙板做出电视背景墙面上的弧形凹凸造型。整个墙面满刮三遍腻子，用砂纸打磨光滑，刷底漆、有色面漆，安装踢脚线。

主要材料：①有色乳胶漆　②仿古砖
③白色乳胶漆

施工要点

客厅电视背景矮墙用水泥砂浆找平，用干挂的方式将石材固定在电视背景墙面上，完工后用专业石材勾缝剂填缝。

主要材料：①镜面玻璃　②壁纸　③大理石

客厅沙发背景墙面上的特色油画在暖色壁纸的衬托下更加光彩夺目，镜面玻璃装饰令客厅更加明亮。

主要材料：①壁纸　②镜面玻璃
③仿古砖

施工要点

客厅沙发背景墙面用水泥砂浆找平，部分墙面用木工板打底，贴胡桃木饰面板后刷油漆。剩余墙面满刮三遍腻子，用砂纸打磨光滑，刷底漆、有色面漆。

主要材料：①有色乳胶漆 ②木饰面板 ③大理石

施工要点

用湿贴的方式将文化石固定在电视背景墙面上。用干挂的方式固定米黄色石材，部分墙面用木工板打底，贴胡桃木饰面板后刷油漆。剩余墙面满刮三遍腻子，用砂纸打磨光滑，刷底漆、有色面漆。

主要材料：①文化石 ②有色乳胶漆 ③米黄色石材

暖色调电视背景墙面搭配柚木饰面板及米黄色石材、文化石，共同营造温馨的居住环境。

主要材料：①有色乳胶漆 ②柚木饰面板 ③米黄色石材